U0358995

MathStart®
洛克数学启蒙④

Sale

我的比较好

[美]斯图尔特·J. 墨菲　文　　[美]玛莎·温伯恩　图　　漆仰平　译

海峡出版发行集团 | 福建少年儿童出版社
THE STRAITS PUBLISHING & DISTRIBUTING GROUP | FUJIAN CHILDREN'S PUBLISHING HOUSE

献给玛吉，在她眼里，尼克叔叔是最棒、最伟大的。

——斯图尔特・J. 墨菲

图书在版编目（CIP）数据

洛克数学启蒙. 4. 我的比较好 / (美) 斯图尔特・J.墨菲文；(美) 玛莎・温伯恩图；漆仰平译. -- 福州：福建少年儿童出版社，2023.9
ISBN 978-7-5395-8242-9

Ⅰ. ①洛… Ⅱ. ①斯… ②玛… ③漆… Ⅲ. ①数学－儿童读物 Ⅳ. ①O1-49

中国国家版本馆CIP数据核字(2023)第074389号

LUOKE SHUXUE QIMENG 4・WO DE BIJIAO HAO
洛克数学启蒙4・我的比较好

著　　者：[美] 斯图尔特・J. 墨菲　文　[美] 玛莎・温伯恩　图　漆仰平　译
出 版 人：陈远　出版发行：福建少年儿童出版社　http://www.fjcp.com　e-mail:fcph@fjcp.com　社址：福州市东水路 76 号 17 层（邮编：350001）
选题策划：洛克博克　责任编辑：邓涛　助理编辑：陈若芸　特约编辑：刘丹亭　美术设计：翠翠　电话：010-53606116（发行部）　印刷：北京利丰雅高长城印刷有限公司
开　　本：889 毫米 × 1092 毫米　1/16　印张：2.5　版次：2023 年 9 月第 1 版　印次：2023 年 9 月第 1 次印刷　ISBN 978-7-5395-8242-9　定价：24.80 元

我的最好！

不，是我的！

才不是呢！

就是我的！

吉尔和姐姐珍妮同住一个房间。哥哥杰夫住在走廊对面的小房间。

每天早晨醒来，吉尔都能听到杰夫和珍妮的争吵声。

“我的书包比你的大，能装更多书。”杰夫说。

“但我的是紫色的，你的是绿色的。紫色更好看。”珍妮反驳。

吉尔把头埋到枕头底下。

呵呵！
我的包上有鸭子。鸭子更好看！

每天晚上睡觉时，吉尔都能听到杰夫和珍妮在争吵。
“我书里的图片比你书里的多。”珍妮说。
“可我的书页数更多。”杰夫反驳。

吉尔用手指堵住耳朵。

“我的书最好。”她小声对富奇说，“看，上面有一只像你一样的猫咪。”

一天，爸爸妈妈宣布，全家要搬到新房子去。新房子很大，所以吉尔、珍妮和杰夫都可以拥有自己的房间。

“我的房间会是最棒的。”杰夫说。

“不对，我的才是呢！”珍妮说。

“富奇也能有自己的房间吗？”吉尔问。
“猫咪不需要自己的房间。”妈妈回答。

大家都想去看看新房子，就全部挤进了车里。吉尔抱着富奇。

到了新房子，杰夫和珍妮立刻上楼去看自己的房间。

“哈！早就跟你说过，我的房间更好，”珍妮说，“瞧瞧我的窗户多大呀。”

“我的房间也有窗户，”杰夫说，“而且肯定比你的更大。”
“你们两个别吵了！”妈妈说。

“来，用这摞纸把你们的窗户贴满，看看哪扇窗户用到的纸更多，就说明谁的窗户面积更大。”

吉尔帮杰夫把几张纸按从上到下的顺序粘在窗户的一侧。
“有三张纸高。”杰夫宣布。

接着，他沿着窗户的另一条边尽量贴满。
“我可以贴4列，”他说，“总共用了12张纸。”

他们跑到珍妮的房间。

“我的窗户有2张纸那么高。我只能摆2行，”珍妮宣布，“可这个窗户真的很长。”

珍妮用纸把整扇窗户都铺满。“我可以沿长边贴满6张纸呢。那这扇窗户总共用了12张纸。”她说。

“完全一样。”吉尔说，“能给我一张纸吗？”

“珍妮，你这个房间好小呀，”杰夫说，“我打赌我的房间比你的大。”

“才不是呢。”珍妮反驳。

“我敢说，就是这样。”杰夫说。

“别吵了，”爸爸说，“刚才用的那种纸太小了。你们可以用旧报纸来量一量哪个房间的面积更大。”

珍妮把一张张报纸沿着墙边贴好。

“我的房间有6张报纸宽。”她宣布。

吉尔又帮她沿着另一侧墙贴满报纸。

“另一侧是5张报纸宽。”珍妮说，“所以，如果我要把房间的地板都铺满报纸，总共需要30张。”

闻起来是不是
有鱼腥味？

“哦，我就知道我的房间一定更大。”杰夫说。他抓起剩下的报纸，跑回自己的房间，用胶带把报纸沿着墙边贴好。

“有6张报纸宽。”他高喊。

接着，杰夫沿着另一侧墙铺上报纸，一点空隙也不留。一共用了4张。
“把整个房间的地板铺满需要24张报纸。”他宣布。

“看吧，我的房间更大。”珍妮说。

“等等，”吉尔说，“衣柜前面还有一小块空地呢！”

杰夫又用胶带贴了几张报纸。这一次他贴了2排，每排3张。
“24张加6张，总共30张！”杰夫说。
“又是正好相等。”吉尔说，“嘿，看看报纸上这条广告。”

"嘿，我的房间比你的好，因为离卫生间更近。"珍妮说。
"哈，我的更好，因为离厨房更近。" 杰夫不服气。

“你们不知道吧？”吉尔说，“我觉得，我的房间是全家最好的。”

杰夫和珍妮惊讶地看着他们的小妹妹。
“可你的房间是最小的。”珍妮说。

“窗户也是小小的。”杰夫补充道。

“我知道，”吉尔说，“但我的房间离你们两个的最远，离富奇的最近！”

吉尔的
房间
富奇的
小窝

写给家长和孩子

《我的比较好》所涉及的数学概念是面积。面积是几何中的一个基本概念，在计算面积时，常用单位面积进行测量。孩子在学习面积时，需要去想象用单位面积来覆盖整个图形，并计算出所需单位面积的数量。

对于《我的比较好》所呈现的数学概念，如果你们想从中获得更多乐趣，有以下几条建议：

1. 朗读这个故事时，让孩子数一数插图中覆盖窗户和地板分别需要的纸张数。告诉孩子，故事中的孩子正在计算窗户和地板的面积。

2. 再次朗读这个故事，指出书中的孩子在比较两扇窗户的面积时，用的是大小相等的纸张，计算两间卧室的面积时用的也是大小相等的报纸。要想正确比较出图形的面积大小，使用的测量单位必须一致。

3. 让孩子在方格纸上画一个图形。和孩子一起数一数图形内部正方形的个数，从而计算出它的面积大小， 然后帮孩子再画一个与它面积相等的图形。

4. 剪一根和孩子手臂一样长的绳子，用这根绳子围成一个矩形或正方形。让孩子用大小相等的方块算出图形的面积（可能不是所有的方块都能整个放入这个图形。在这种情况下，可以用分数表示面积——比如$5\frac{1}{2}$块）。用绳子围成其他图形，并算出面积。让孩子想一想，同一根绳子围成的图形中，哪一个的面积最大。

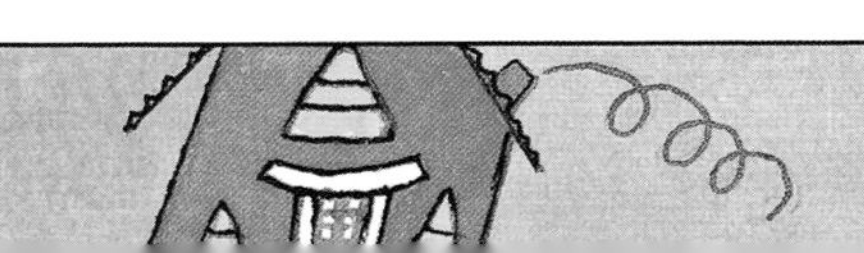

如果你想将本书中的数学概念扩展到孩子的日常生活中，可以参考以下这些游戏活动：

1. 寻找家里最大的房间：帮孩子用报纸测量自己的卧室面积。把卧室面积和家中其他房间的面积进行比较。在比较房间面积时，记得要用大小相同的报纸。

2. 厨房游戏：用两个不同大小的烤盘来烤蛋糕。问问孩子哪个烤盘更大。把烤盘里的蛋糕切成大小相同的方块，然后让孩子比较烤盘的面积。

3. 冰箱艺术：用胶带把孩子创作的画贴在冰箱上。让孩子估计一下，若想将整个冰箱门全部盖住，需要多少张同样大小的画。让孩子使用与那张画同样大小的纸张，想出计算冰箱门面积的办法。

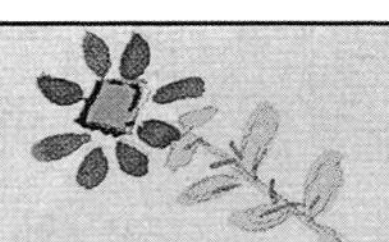

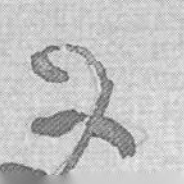

Sale

洛克数学启蒙

《虫虫大游行》	比较
《超人麦迪》	比较轻重
《一双袜子》	配对
《马戏团里的形状》	认识形状
《虫虫爱跳舞》	方位
《宇宙无敌舰长》	立体图形
《手套不见了》	奇数和偶数
《跳跃的蜥蜴》	按群计数
《车上的动物们》	加法
《怪兽音乐椅》	减法

《小小消防员》	分类
《1、2、3，茄子》	数字排序
《酷炫100天》	认识1~100
《嘀嘀，小汽车来了》	认识规律
《最棒的假期》	收集数据
《时间到了》	认识时间
《大了还是小了》	数字比较
《会数数的奥马利》	计数
《全部加一倍》	倍数
《狂欢购物节》	巧算加法

《人人都有蓝莓派》	加法进位
《鲨鱼游泳训练营》	两位数减法
《跳跳猴的游行》	按群计数
《袋鼠专属任务》	乘法算式
《给我分一半》	认识对半平分
《开心嘉年华》	除法
《地球日，万岁》	位值
《起床出发了》	认识时间线
《打喷嚏的马》	预测
《谁猜得对》	估算

《我的比较好》	面积
《小胡椒大事记》	认识日历
《柠檬汁特卖》	条形统计图
《圣代冰激凌》	排列组合
《波莉的笔友》	公制单位
《自行车环行赛》	周长
《也许是开心果》	概率
《比零还少》	负数
《灰熊日报》	百分比
《比赛时间到》	时间